アーク溶接作業者の

溶接ヒュームの健康障害防止対策

改正特化則に
対応

中央労働災害防止協会　編

はじめに

金属アーク溶接等作業中に発生する溶接ヒュームは、特定化学物質として、濃度測定に基づく全体換気や呼吸用保護具の使用など、新たなばく露防止措置が求められています。アーク溶接現場がどう変わるのか、求められる対策をイラストを用いて、わかりやすく解説します。

本書がアーク溶接による健康障害防止の一助になれば幸いです。

中央労働災害防止協会

目　次

**金属アーク
溶接等作業とは**　　　金属をアーク溶接する作業、アークを用いて金属を溶断し、またはガウジングする作業、その他の溶接ヒュームを製造（アーク溶接作業のような作業に伴い非意図的に溶接ヒュームが発生するものも含む。）し、または取り扱う作業のこと。

令和３年４月１日より
特定化学物質に加わりました

　金属アーク溶接等作業時に発生する溶接ヒュームにばく露されると、その中に含まれるマンガンによる神経障害のほか、肺がん等の健康障害をひき起こすおそれがあることが明らかになりました。このため、溶接ヒュームが令和３年４月１日より、特定化学物質（特化物）に加えられ、特定化学物質障害予防規則（特化則）により規制されるようになりました。

作業主任者の選任が必要です

　金属アーク溶接等作業場では、「特定化学物質及び四アルキル鉛等作業主任者技能講習」を修了した者のうちから特定化学物質作業主任者を選任して、労働者が溶接ヒュームにばく露されないよう、作業方法を決定し、労働者を指揮すること等が必要となります。また、作業主任者の氏名とその職務を作業場に掲示します。なお、令和6年1月からは「金属アーク溶接等作業主任者」(金属アーク溶接等作業主任者限定技能講習を修了した者)も選任できるようになります。

６月以内ごとに１回、
特殊健康診断の実施が必要です

　従来の「じん肺健康診断」に加えて、雇入れまたは配置替えの際と、その後6月以内ごとに１回、定期に特殊健康診断（特定化学物質健康診断）を実施することが必要です。

金属アーク溶接等作業には、溶接ヒュームへのばく露防止が義務付けられています

規制対象

継続屋内 …金属アーク溶接等作業を継続して行う屋内作業場

屋 内 …金属アーク溶接等作業を毎回異なる場所で行う屋内作業場

屋 外 …金属アーク溶接等作業を行う屋外作業場

全体換気の実施が必要です　**継続屋内** **屋 内**

　金属アーク溶接等作業を行う屋内作業場では、溶接ヒュームへのばく露を防止するため、**全体換気装置による換気またはこれと同等以上の措置を講じ**なければなりません。

6ページへ

溶接ヒュームの濃度測定の実施が必要です　**継続屋内**

　金属アーク溶接等作業を継続して行う屋内作業場では、新たな金属アーク溶接等作業の方法の採用・変更時に、個人ばく露測定による空気中の溶接ヒュームの濃度測定を行わなければなりません。

8ページへ

有効な呼吸用保護具を使用します　**継続屋内** **屋 内** **屋 外**

　金属アーク溶接等作業を行わせる際には、**有効な呼吸用保護具を労働者に使用させなければなりません。**また、金属アーク溶接等作業を継続して行う屋内作業場では、個人ばく露測定の結果に応じて有効な呼吸用保護具を選択して、使用させます。なお、面体を有する呼吸用保護具を使用させる場合には、**1年以内ごとに1回、フィットテストを実施**しなければなりません。

10ページへ

その他必要な措置　**継続屋内** **屋 内** **屋 外**

　屋内作業場の床の掃除等を毎日1回以上行うほか、以下の措置が求められます。

①安全衛生教育の実施、②ぼろ等の処理、③不浸透性の床の設置

④立入禁止措置、⑤運搬貯蔵時の容器等の使用等、⑥休憩室の設置

⑦洗浄設備の設置、⑧喫煙または飲食の禁止、⑨有効な保護具の備え付け等

14ページへ

2 「溶接ヒューム」とは？

❶ 溶接ヒューム

溶接ヒュームとは？

　金属アーク溶接時には、アークの高温で溶融した金属が蒸発して、気体となって発散されます。その金属蒸気が空気中で冷却・凝固し、固体（金属または金属酸化物など）の微粒子となって浮遊しているものを**溶接ヒューム**と呼びます。多くは粉じんよりもサイズは小さく、粒子径は1μm以下となっています。

　ちなみにJIS Z 3001では溶接ヒュームは、「溶接又は切断時の熱によって蒸発した物質が冷却されて固体となった微粒子」と定義されています。

溶接ヒュームの発生のしくみ

① 溶接時、溶接材料と母材が高温のアークに触れることで、金属蒸気が発生する。

② 発生した金属蒸気が冷やされて固体粒子となる。

③ 固体粒子が煙状となって上昇し、空気中に浮遊したものが溶接ヒュームである。

※発生する向きや量は、溶接の方法や風向きによって異なる。

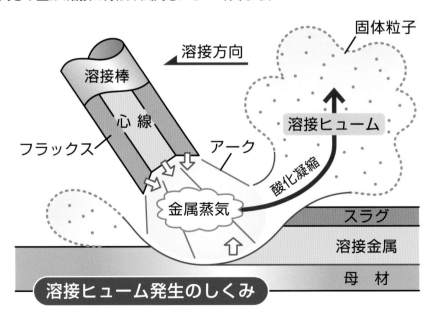

溶接ヒューム発生のしくみ

❷ 溶接ヒュームの有害性

溶接ヒュームに労働者が長期間ばく露されると、**じん肺（溶接肺）**を引き起こします。また、溶接ヒュームには、塩基性酸化マンガンが含まれており、マンガンによる**神経機能障害**が報告されているほか、肺がんのリスクが上昇していることが報告されており、ばく露量と関係があることがいくつかの大規模研究で確認されています。

マンガン中毒の症状は、溶接労働者など、比較的長期にわたる吸入ばく露でみられるとの報告があります。[1]

初期には、全身の衰弱感や、脚の動かしにくい感じ、食欲不振、筋肉痛、神経質、いらいら、頭痛などの症状がみられます。次の段階では、しゃべり方が断続的で遅く単調になり、感情のない表情、不器用そうで遅い四肢の動きや歩行などの症状が目立つようになります。

さらに病状が進行すると、歩行障害が現れ、ひじが曲がり、筋肉は緊張し、細かいふるえを伴って無意識の動きが出てきます。最終的には、精神障害が現れることもあります。これらの症状は、パーキンソン病に類似していることから、パーキンソン症候群様症状と呼ばれます。

❸ 疾病事例

○アークによる金属の切断作業に従事する労働者2名が、マンガンを含む溶接ヒュームにばく露され、9〜12カ月目に運動失調、脱力感、知能の減退などの症状が現れた。[2]

○鋳物工場でヒュームおよび粉じんによって14カ月間マンガンにばく露された労働者に、歩行障害など典型的なマンガン中毒の症状が現れた。[3]

○サンフランシスコのベイブリッジで溶接作業に従事する男性労働者43名について調査したところ、マンガンの累積ばく露と神経機能作用との間に有意な関連が見られた。労働者の自覚症状は、ふるえが41.9％、感覚障害60.5％、著しい疲労感65.1％、不眠79.1％、性不能58.1％、幻覚18.6％、うつ53.5％、不安39.5％であった。[4]

1）Racetteら 2001；日本産業衛生学会 2008
2）Whitlocksら1966；Am Ind Hyg Assoc,27:454-459.
3）Rosenstockら1971；J Am Med Assoc,217:1354-1358.
4）Bowlerら2007；Occup Environ Med,64:167-177.

3 溶接ヒュームへのばく露を防ぐ

これまでアーク溶接作業の労働衛生管理に関しては、粉じん障害防止規則、じん肺法に基づき実施されてきました。しかし、令和2年4月公布の政省令の改正により、継続して金属アーク溶接等作業を行う屋内作業場では特化則により次の❶～❽の事項について、その他の屋内作業場では次の❶,❼,❽の事項についても新たに対応が求められることとなりました。

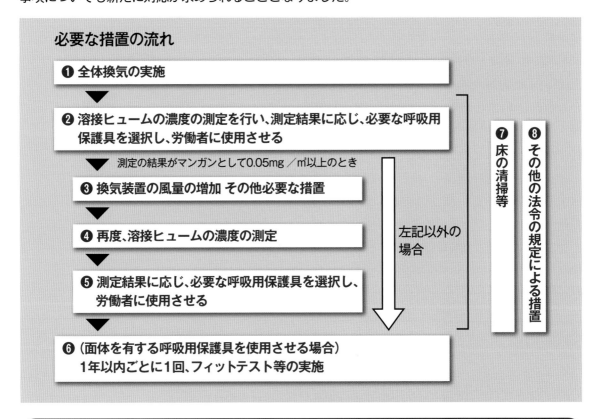

必要な措置の流れ

❶ 全体換気の実施

❷ 溶接ヒュームの濃度の測定を行い、測定結果に応じ、必要な呼吸用保護具を選択し、労働者に使用させる

　測定の結果がマンガンとして0.05mg／㎥以上のとき

❸ 換気装置の風量の増加 その他必要な措置

❹ 再度、溶接ヒュームの濃度の測定

❺ 測定結果に応じ、必要な呼吸用保護具を選択し、労働者に使用させる

左記以外の場合

❻ (面体を有する呼吸用保護具を使用させる場合)1年以内ごとに1回、フィットテスト等の実施

❼ 床の清掃等

❽ その他の法令の規定による措置

❶ 全体換気装置による換気等が必要

多くの特化物については、屋内作業場では、発散源を密閉する設備で取り扱うか、局所排気装置等により除去するように特化則で規定されていますが、金属アーク溶接等作業では、溶接不良を防ぐための風速制限を求められる場合があり、局所排気等に必要な風速(制御風速)を実現できないことがあります。そこで、屋内作業場で金属アーク溶接等作業を行う場合は、全体換気装置により溶接ヒュームを希釈・減少させるか、同等以上の措置※を講じる必要があります。また、あわせて呼吸用保護具も使用します。

全体換気とは、動力による換気で、きれいな空気を取り込み、汚染された空気をうすめて(希釈)有害物の平均濃度を下げる方法です。

※同等以上の措置には、プッシュプル型換気装置、局所排気装置による措置が含まれます。

全体換気装置の例

プッシュプル型換気装置の例

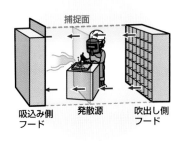

人工的に作り出した穏やかな気流に
有害物質を乗せてくるむように運ぶ。

局所排気装置の例

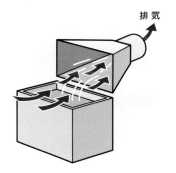

発散源近くに設置したフード
から有害物質を吸引・排気。

溶接ヒュームの濃度測定結果に応じて、換気風量の
増加や有効な呼吸用保護具を使用するようにします。

✕ 風下の位置で作業しないこと。

❷ 溶接ヒュームの濃度測定と呼吸用保護具の選択・使用

（1）溶接ヒュームの濃度測定

　金属アーク溶接等作業を継続して行う屋内作業場では、新たに金属アーク溶接等作業の方法を採用するとき、または作業の方法を変更しようとするときには、溶接ヒュームの濃度の測定を行うことが義務付けられています。

方法

　通常の作業環境測定は、あらかじめ定めた位置に機器を設置して、試料空気を捕集して測定しますが、溶接ヒュームの濃度測定は、労働者の身体に**試料採取機器（サンプラー）**を装着して、通常どおりの作業を行ってもらいながら呼吸域※の空気中濃度を測定する方法（**個人ばく露測定**）で行います。この測定は、第1種作業環境測定士、作業環境測定機関など十分な知識、経験を有する者によって実施します。

サンプラーの採取口の位置

　労働者が呼吸する空気中の溶接ヒューム濃度を測定するためには、図のように耳や首回りといった呼吸域にサンプラーを装着する必要があります。溶接面使用時には、サンプラーの試料採取口が溶接面の内側となるように留意します。

試料採取機器
（サンプラー）

試料採取口が溶接面の内側となるよう装着

※呼吸域とは・・・

呼吸用保護具の外側で、両耳を結んだ直線の中央を中心とした、顔の前の半径30ｃｍの領域を指します。

対象者

　ばく露される溶接ヒュームの量がほぼ均一であると見込まれる作業（均等ばく露作業）ごとに、原則として従事するすべての労働者が対象。作業内容等の調査結果を踏まえて、代表性のある2人以上の溶接作業者とすることができます（1人の場合は、2以上の作業日で測定する）。

作業ごとに従事する人全員が対象者

試料空気の採取時間

　労働者が金属アーク溶接等作業に従事するすべての時間。準備作業や片付け作業等も含みます。採取の時間を短縮することはできません。

測定方法

　作業環境測定基準（第2条第2項）に該当する分粒装置を用いるろ過捕集方法または、同等以上の性能を有する試料採取方法で、レスピラブル粉じん（肺胞まで達する細かい粉じん）を捕集します。

　分析は、マンガンを分析対象として吸光光度分析方法、原子吸光分析方法または同等以上の性能を有する分析方法によります。測定結果からマスクの要求防護係数を計算するため、定量下限値がマンガンの基準値である0.05mg/㎥の10分の1以下となるようにします。

(2)有効な呼吸用保護具の選択と使用

　金属アーク溶接等作業に労働者を従事させるときは、屋内・屋外にかかわらず、有効な呼吸用保護具（マスク等）を使用させることが必要です。

　また、金属アーク溶接等作業を継続して行う屋内作業場では、溶接ヒュームの濃度測定結果から、以下の方法で労働者のマスク等の選択をします。

1）　要求防護係数を算定

要求防護係数　$PFr = \dfrac{C}{0.05}$

※ C＝溶接ヒュームの濃度測定結果のうち、マンガン濃度の最大の値（単位mg/㎥）
※ 0.05mg/㎥＝要求防護係数の計算に際してのマンガンに係る基準値

2）　要求防護係数を上回る「指定防護係数」を有するマスク等を選択

　例　溶接ヒュームの濃度がマンガンとして0.6ｍｇ/㎥の作業の場合

1）要求防護係数を算定　$\dfrac{0.6}{0.05} = 12$

2）要求防護係数12を上回る指定防護係数のマスク等を表1より選択
→全面形面体を有する防じんマスク（RS1又はRL1を除く）か、
防じん機能を有する電動ファン付き呼吸用保護具（P-PAPR：PS1又はPL1のフード形又はフェイスシールド形を除く）が利用できる。

P-PAPR
全面形面体

表1　指定防護係数一覧（抜粋）

呼吸用保護具の種類				指定防護係数
防じんマスク	取替え式	全面形面体	RS3又はRL3	50
			RS2又はRL2	14
			RS1又はRL1	4
		半面形面体	RS3又はRL3	10
			RS2又はRL2	10
			RS1又はRL1	4
	使い捨て式		DS3又はDL3	10
			DS2又はDL2	10
			DS1又はDL1	4
P-PAPR	全面形面体	S級	PS3又はPL3	1,000
		A級	PS2又はPL2	90
		A級又はB級	PS1又はPL1	19
	半面形面体	S級	PS3又はPL3	50
		A級	PS2又はPL2	33
		A級又はB級	PS1又はPL1	14
	フード形又はフェイスシールド形	S級	PS3又はPL3	25
		A級		20
		S級又はA級	PS2又はPL2	20
		S級、A級又はB級	PS1又はPL1	11

Ｌはオイルミスト等が混在している場合に使用。混在しない場合はＳを使用。
Ｓ1，Ｌ1は粒子捕集効率80.0％以上、Ｓ2，Ｌ2は同95.0％以上、Ｓ3，Ｌ3は同99.9％以上。

※ この他に給気式呼吸用保護具の指定防護係数が示されています（令和2年厚生労働省告示第286号、改正　令和5年厚生労働省告示第168号）。

例えば、溶接作業で多く使用されている半面形面体を有する呼吸用保護具を選択する場合には、表2によって空気中の溶接ヒューム濃度に対応した種類の呼吸用保護具を選択することができます。

表2　空気中の溶接ヒューム濃度と選択可能な半面形面体を有する呼吸用保護具

濃度	空気中の溶接ヒュームの濃度		選択可能な半面形面体を有する呼吸用保護具の種類
低	マンガンとして 0.2 mg/㎥未満	取替え式	RS2, RS3, RL2又はRL3
		使い捨て式	DS2, DS3, DL2又はDL3
		P-PAPR S級, A級又はB級	PS1, PS2, PS3, PL1, PL2又はPL3
	マンガンとして 0.2 mg/㎥以上, 0.5 mg/㎥未満	取替え式	RS2, RS3, RL2又はRL3
		使い捨て式	DS2, DS3, DL2又はDL3
		P-PAPR S級, A級又はB級	PS1, PS2, PS3, PL1, PL2又はPL3
	マンガンとして 0.5 mg/㎥以上, 0.7 mg/㎥未満	P-PAPR S級, A級又はB級	PS1, PS2, PS3, PL1, PL2又はPL3
	マンガンとして 0.7 mg/㎥以上, 1.65 mg/㎥未満	P-PAPR S級又はA級	PS2, PS3, PL2又はPL3
高	マンガンとして 1.65 mg/㎥以上, 2.5 mg/㎥未満	P-PAPR S級	PS3又はPL3

取替え式防じんマスク
半面形面体

使い捨て式防じんマスク

P-PAPR
半面形面体

半面形面体を有する呼吸用保護具　例

❸ 測定後、換気装置の風量を調節

溶接ヒュームの濃度測定の結果に応じ、換気装置の風量の増加など、その他必要な措置を講じます。

❹ 再度、溶接ヒュームの濃度測定

❸の措置を講じた後、その効果を確認するため、再度、P8の個人ばく露測定により溶接ヒュームの濃度を測定します。

❺ 再度、有効な呼吸用保護具の選択

写真提供：（株式会社 重松製作所、興研 株式会社、スリーエムジャパン 株式会社）

11

❻ 呼吸用保護具のフィットテスト

　金属アーク溶接等作業を継続して行う屋内作業場で、面体を有する呼吸用保護具を使用させるときには、1年以内ごとに1回、定量的フィットテストまたはこれと同等以上の方法により、漏れ込みのないよう労働者が適切にマスク等を装着できているか確認します。

　なお、使い捨て式防じんマスクは、ろ過材と面体が一体となったものであり、面体を有する呼吸用保護具に該当します。

定量的フィットテスト

　JIS T8150（呼吸用保護具の選択、使用及び保守管理方法）で定めるフィットテストの方法です。

1 マスクの外側と内側の濃度を測定

　大気粉じんを用いる漏れ率測定装置（マスクフィッティングテスターやマスクフィットテスター）を使って、マスクの内部と外部の測定対象物質の濃度を測定します。

2 フィットファクタ（当該労働者のマスクが適切に装着されている程度を示す係数）を算出

$$\text{フィットファクタ} = \frac{\text{マスク等外部の測定対象物質の濃度}}{\text{マスク等内部の測定対象物質の濃度}}$$

3 要求フィットファクタ

　2のフィットファクタが要求フィットファクタを上回っているかを確認します。上回っていればマスクは適切に装着されています。

表3　要求フィットファクタ

呼吸用保護具の種類	要求フィットファクタ
全面形面体を有するもの	500
半面形面体を有するもの	100

4 フィットテストの記録の方法

　確認を受けた者の氏名、確認の日時、装着の良否などと、外部に委託して行った場合は受託者の名称を記録します。

表4　フィットテストの記録例

項目	記入欄	備考
確認日	△△年○月○日	
確認時刻	9時30分	
確認を受けた者の氏名	○○○○	
呼吸用保護具のメーカー	△△△△	
呼吸用保護具の型番等	○○—○○	
呼吸用保護具の種類	取替え式　防じんマスク 全面形面体・(半面形面体) (RS)・RL　1・(2)・3	
	使い捨て式　防じんマスク DS・DL　1・2・3	
	電動ファン付き　呼吸用保護具 全面形面体・半面形面体 B級・A級・S級 PS・PL　1・2・3	
基準値	(100)・500	
装着の良否	(良)・否	

測定装置のメーカー	○○社	
測定装置の型番等	△△—△△型	
測定者氏名	△△△△△	(委託先名称)

シールチェック

日々の使用時には、マスク等が顔に密着しているかを確認するシールチェックを行うようにします。

〈 陰圧法 〉
吸気口をふさいで息を吸う。
吸った時面体が吸いつく感じで、
空気の漏れ込みがなければ密着性は良好。

〈 陽圧法 〉
排気口をふさいで息を吐く。
息がマスク等の外に漏れ出さなければ
密着性は良好。

❼ 床の清掃等

屋内作業場の床などを容易に清掃できる構造のものとし、高性能（HEPA）フィルター付き真空掃除機などにより、粉じんの飛散しない方法によって、毎日1回以上清掃します。

❽ その他の法令の規定による措置

（1）関係者以外の立入禁止措置

金属アーク溶接等作業を行う作業場は溶接ヒュームが発散するため、関係者以外は立入禁止とし、その旨の表示を行います。

（2）喫煙または飲食の禁止

口から溶接ヒュームを体内に取り込んでしまうことを防ぐため、金属アーク溶接等作業を行う作業場では、喫煙・飲食は禁止です。また、その旨の表示を行います。

（3）有効な呼吸用保護具の備え付け等

P-PAPR、防じんマスクなど有効な呼吸用保護具を作業場に備え付けます。

(4)ぼろ等の処理

　清掃等で溶接ヒュームの粒子に汚染されたぼろ（ウエス等）、紙くず等はふた付きの不浸透性容器におさめておきます。

(5)休憩室の設置

　金属アーク溶接等作業に労働者を従事させるときには、作業場所以外の場所に休憩室を設けます。その休憩室の入り口には、水を流すか十分に湿らせたマットを置くなど、労働者の靴に付着した溶接ヒュームの粒子を除去するための設備を設け、衣服用ブラシを備えます。また、労働者は、アーク溶接作業を行った後にその休憩室に入る前には、作業衣等に付着した溶接ヒュームを除去します。休憩室の床は、掃除機を使用するか水洗で容易に掃除できる構造として、毎日1回掃除します。

(6)運搬貯蔵時の容器等の使用等

　掃除機で集められる等した溶接ヒュームの粒子を運搬、貯蔵するときには、漏れたりこぼれたりすることがないように、堅固な容器等を使用して、一定の場所に保管します。また、その容器などの見やすい箇所に「溶接ヒューム」と表示し、取扱い上の注意事項を表示します。運搬貯蔵に使用した容器等を保管するときには、一定の場所を決めて集積しておきます。

(7)洗浄設備の設置

　洗眼、洗身またはうがいの設備、更衣設備、洗濯のための設備を設置します。

(8)不浸透性の床の設置

　作業場所の床は、不浸透性のもの（コンクリート、鉄板など）とします。

(9)安全衛生教育

　労働安全衛生法に基づき労働者の雇入れ時や作業内容変更時には雇入れ時等教育を実施するほか、アーク溶接等特別教育を行います。また、特定化学物質作業主任者等は、5年ごとに能力向上教育を受講することが望ましいとされています。

4 対策例

❶ ヒューム吸引トーチの例

自動車製造業等（自動車部品をアーク溶接を用いて溶接接合する作業）

作 業 の 概 要：自動車車体のフレームの部品を手動で溶接する。

対策のポイント：ヒューム吸引トーチにより、発散源の直近で溶接ヒュームを吸い込んでおり、ほとん
　　　　　　　どの溶接ヒュームは吸引除去され、ヒュームの周りへの飛散を抑えている。

❷ 全体換気の例

水道管製造業等（アーク溶接を用いて製作する作業）

作 業 の 概 要：大型の水道管を溶接し、グラインダーによる研磨をする。
対策のポイント：局所排気装置の設置が困難なため、建屋を高く設計されていることから、できるだけ
　　　　　　　　屋内が高濃度にならないように、最低限の措置として全体換気装置を設置している。
　　　　　　　　作業者には、呼吸用保護具の着用を徹底している。

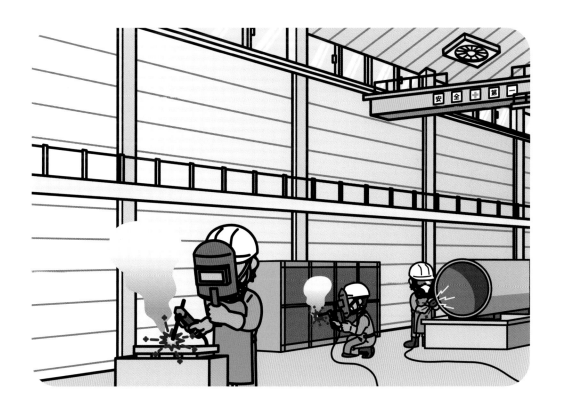

5 関係法令

○労働安全衛生法施行令（昭和47年政令第318号 抜粋）

（作業主任者を選任すべき作業）

第6条 法第14条の政令で定める作業（編注：作業主任者を選任すべき作業）は、次のとおりとする。

　18　別表第3に掲げる特定化学物質を製造し、又は取り扱う作業（試験研究のため取り扱う作業及び同表第2号3の3、11の2、13の2、15、15の2、18の2から18の4まで、19の2から19の4まで、22の2から22の5まで、23の2、33の2若しくは34の3に掲げる物又は同号37に掲げる物で同号3の3、11の2、13の2、15、15の2、18の2から18の4まで、19の2から19の4まで、22の2から22の5まで、23の2、33の2若しくは34の3に係るものを製造し、又は取り扱う作業で厚生労働省令で定めるものを除く。）

（健康診断を行うべき有害な業務）

第22条 法第66条第2項前段の政令で定める有害な業務は、次のとおりとする。

　3　別表第3第1号若しくは第2号に掲げる特定化学物質（同号5及び31の2に掲げる物並びに同号37に掲げる物で同号5又は31の2に係るものを除く。）を製造し、若しくは取り扱う業務（同号8若しくは32に掲げる物又は同号37に掲げる物で同号8若しくは32に係るものを製造する事業場以外の事業場においてこれらの物を取り扱う業務及び同号3の3、11の2、13の2、15、15の2、18の2から18の4まで、19の2から19の4まで、22の2から22の5まで、23の2、33の2若しくは34の3に掲げる物又は同号37に掲げる物で同号3の3、11の2、13の2、15、15の2、18の2から18の4まで、19の2から19の4まで、22の2から22の5まで、23の2、33の2若しくは34の3に係るものを製造し、又は取り扱う業務で厚生労働省令で定めるものを除く。）、第16条第1項各号に掲げる物（同項第4号に掲げる物及び同項第9号に掲げる物で同項第4号に係るものを除く。）を試験研究のため製造し、若しくは使用する業務又は石綿等の取扱い若しくは試験研究のための製造若しくは石綿分析用試料等の製造に伴い石綿の粉じんを発散する場所における業務

別表第3　特定化学物質

2　第2類物質

　33　　　　マンガン及びその化合物

　34の2　溶接ヒューム

○労働安全衛生規則（昭和47年省令第32号 抜粋）

（作業主任者の氏名等の周知）

第18条 事業者は、作業主任者を選任したときは、当該作業主任者の氏名及びその者に行なわせる事項を作業場の見やすい箇所に掲示する等により関係労働者に周知させなければならない。

（雇入れ時等の教育）

第35条 事業者は、労働者を雇い入れ、又は労働者の作業内容を変更したときは、当該労働者に対し、遅滞なく、次の事項のうち当該労働者が従事する業務に関する安全又は衛生のため必要な事項について、教育を行なわなければならない。ただし、令第2条第3号に掲げる業種の事業場の労働者については、第1号から第4号までの事項についての教育を省略することができる。

　1　機械等、原材料等の危険性又は有害性及びこれらの取扱い方法に関すること。

　2　安全装置、有害物抑制装置又は保護具の性能及びこれらの取扱い方法に関すること。

　3　作業手順に関すること。

　4　作業開始時の点検に関すること。

　5　当該業務に関して発生するおそれのある疾病の原因及び予防に関すること。

　6　整理、整頓及び清潔の保持に関すること。

　7　事故時等における応急措置及び退避に関すること。

　8　前各号に掲げるもののほか、当該業務に関する安全又は衛生のために必要な事項

②　事業者は、前項各号に掲げる事項の全部又は一部に関し十分な知識及び技能を有していると認められる労働者については、当該事項についての教育を省略することができる。

（特別教育を必要とする業務）

第36条　法第59条第3項の厚生労働省令で定める危険又は有害な業務は、次のとおりとする。

　　3　アーク溶接機を用いて行う金属の溶接、溶断等（以下「アーク溶接等」という。）の業務

○特定化学物質障害予防規則（昭和47年省令第39号　抜粋）

（ぼろ等の処理）

第12条の2　事業者は、特定化学物質（クロロホルム等及びクロロホルム等以外のものであつて別表第1第37号に掲げる物を除く。次項、第22条第1項、第22条の2第1項、第25条第2項及び第3項並びに第43条において同じ。）により汚染されたぼろ、紙くず等については、労働者が当該特定化学物質により汚染されることを防止するため、蓋又は栓をした不浸透性の容器に納めておく等の措置を講じなければならない。

②　事業者は、特定化学物質を製造し、又は取り扱う業務の一部を請負人に請け負わせるときは、当該請負人に対し、特定化学物質により汚染されたぼろ、紙くず等については、前項の措置を講ずる必要がある旨を周知させなければならない。

（床）

第21条　事業者は、第1類物質を取り扱う作業場（第1類物質を製造する事業場において当該第1類物質を取り扱う作業場を除く。）、オーラミン等又は管理第2類物質を製造し、又は取り扱う作業場及び特定化学設備を設置する屋内作業場の床を不浸透性の材料で造らなければならない。

（立入禁止措置）

第24条　事業者は、次の作業場に、関係者以外の者が立ち入ることについて、禁止する旨を見やすい箇所に表示することその他の方法により禁止するとともに、表示以外の方法により禁止したときは、当該作業場が立入禁止である旨を見やすい箇所に表示しなければならない。

　　1　第1類物質又は第2類物質（クロロホルム等及びクロロホルム等以外のものであつて別表第1第37号に掲げる物を除く。第37条及び第38条の2において同じ。）を製造し、又は取り扱う作業場（臭化メチル等を用いて燻蒸作業を行う作業場を除く。）

　　　　　　　　　　　　（以下略）

（容器等）

第25条　事業者は、特定化学物質を運搬し、又は貯蔵するときは、当該物質が漏れ、こぼれる等のおそれがないように、堅固な容器を使用し、又は確実な包装をしなければならない。

②　事業者は、前項の容器又は包装の見やすい箇所に当該物質の名称及び取扱い上の注意事項を表示しなければならない。

③　事業者は、特定化学物質の保管については、一定の場所を定めておかなければならない。

④　事業者は、特定化学物質の運搬、貯蔵等のために使用した容器又は包装については、当該物質が発散しないような措置を講じ、保管するときは、一定の場所を定めて集積しておかなければならない。

　　　　　　　　　　　　（以下略）

（特定化学物質作業主任者の選任）

第27条　事業者は、令第6条第18号の作業については、特定化学物質及び四アルキル鉛等作業主任者技能講習（特別有機溶剤業務に係る作業にあつては、有機溶剤作業主任者技能講習）を修了した者のうちから、特定化学物質作業主任者を選任しなければならない。

②　令第6条第18号の厚生労働省令で定めるものは、次に掲げる業務とする。

　　1　第2条の2各号に掲げる業務

　　2　第38条の8において準用する有機則第2条第1項及び第3条第1項の場合におけるこれらの項の業務（別表第1第37号に掲げる物に係るものに限る。）

　　　　　　　　　　　　（以下略）

＊令和6年1月1日より、第27条は以下のように改正され、第28条の2が新設される（下線部）。

（特定化学物質作業主任者等の選任）

第27条　事業者は、令第6条第18号の作業については、特定化学物質及び四アルキル鉛等作業主任者技能講習（次項に規定する金属アーク溶接等作業主任者限定技能講習を除く。第51条第1項及び第3項において同じ。）（特別有機溶剤業務に係る作業にあつては、有機溶剤作業主任者技能講習）を修了した者のうちから、特定化学物質作業主任者を選任しなければならない。

②　事業者は、前項の規定にかかわらず、令第6条第18号の作業のうち、金属をアーク溶接する作業、アークを用いて金属を溶断し、又はガウジングする作業その他の溶接ヒュームを製造し、又は取り扱う作業（以下「金属アーク溶接等作業」という。）につい

ては、講習科目を金属アーク溶接等作業に係るものに限定した特定化学物質及び四アルキル鉛等作業主任者技能講習（第51条第4項において「金属アーク溶接等作業主任者限定技能講習」という。）を修了した者のうちから、金属アーク溶接等作業主任者を選任することができる。

3　（略）

（金属アーク溶接等作業主任者の職務）

第28条の2　事業者は、金属アーク溶接等作業主任者に次の事項を行わせなければならない。

① 作業に従事する労働者が溶接ヒュームにより汚染され、又はこれを吸入しないように、作業の方法を決定し、労働者を指揮すること。

② 全体換気装置その他労働者が健康障害を受けることを予防するための装置を一月を超えない期間ごとに点検すること。

③ 保護具の使用状況を監視すること。

（休憩室）

第37条　事業者は、第1類物質又は第2類物質を常時、製造し、又は取り扱う作業に労働者を従事させるときは、当該作業を行う作業場以外の場所に休憩室を設けなければならない。

② 事業者は、前項の休憩室については、同項の物質が粉状である場合は、次の措置を講じなければならない。

　1　入口には、水を流し、又は十分湿らせたマットを置く等労働者の足部に付着した物を除去するための設備を設けること。

　2　入口には、衣服用ブラシを備えること。

　3　床は、真空掃除機を使用して、又は水洗によつて容易に掃除できる構造のものとし、毎日1回以上掃除すること。

③ 第1項の作業に従事した者は、同項の休憩室に入る前に、作業衣等に付着した物を除去しなければならない。

（洗浄設備）

第38条　事業者は、第1類物質又は第2類物質を製造し、又は取り扱う作業に労働者を従事させるときは、洗眼、洗身又はうがいの設備、更衣設備及び洗濯のための設備を設けなければならない。

② 事業者は、労働者の身体が第1類物質又は第2類物質により汚染されたときは、速やかに、労働者に身体を洗浄させ、汚染を除去させなければならない。

③ 事業者は、第1項の作業の一部を請負人に請け負

わせるときは、当該請負人に対し、身体が第1類物質又は第2類物質により汚染されたときは、速やかに身体を洗浄し、汚染を除去する必要がある旨を周知させなければならない。

④ 労働者は、第2項の身体の洗浄を命じられたときは、その身体を洗浄しなければならない。

（喫煙等の禁止）

第38条の2　事業者は、第1類物質又は第2類物質を製造し、又は取り扱う作業場における作業に従事する者の喫煙又は飲食について、禁止する旨を当該作業場の見やすい箇所に表示することその他の方法により禁止するとともに、表示以外の方法により禁止したときは、当該作業場において喫煙又は飲食が禁止されている旨を当該作業場の見やすい箇所に表示しなければならない。

② 前項の作業場において作業に従事する者は、当該作業場で喫煙し、又は飲食してはならない。

（金属アーク溶接等作業に係る措置）

第38条の21　事業者は、金属をアーク溶接する作業、アークを用いて金属を溶断し、又はガウジングする作業その他の溶接ヒュームを製造し、又は取り扱う作業（以下この条において「金属アーク溶接等作業」という。）*を行う屋内作業場については、当該金属アーク溶接等作業に係る溶接ヒュームを減少させるため、全体換気装置による換気の実施又はこれと同等以上の措置を講じなければならない。この場合において、事業者は、第5条の規定にかかわらず、金属アーク溶接等作業において発生するガス、蒸気若しくは粉じんの発散源を密閉する設備、局所排気装置又はプッシュプル型換気装置を設けることを要しない。

② 事業者は、金属アーク溶接等作業を継続して行う屋内作業場において、新たな金属アーク溶接等作業の方法を採用しようとするとき、又は当該作業の方法を変更しようとするときは、あらかじめ、厚生労働大臣の定めるところにより、当該金属アーク溶接等作業に従事する労働者の身体に装着する試料採取機器等を用いて行う測定により、当該作業場について、空気中の溶接ヒュームの濃度を測定しなければならない。

③ 事業者は、前項の規定による空気中の溶接ヒュームの濃度の測定の結果に応じて、換気装置の風量の増加その他必要な措置を講じなければならない。

④ 事業者は、前項に規定する措置を講じたときは、その効果を確認するため、第2項の作業場につい

て、同項の規定により、空気中の溶接ヒュームの濃度を測定しなければならない。

⑤　事業者は、金属アーク溶接等作業に労働者を従事させるときは、当該労働者に有効な呼吸用保護具を使用させなければならない。

⑥　事業者は、金属アーク溶接等作業の一部を請負人に請け負わせるときは、当該請負人に対し、有効な呼吸用保護具を使用する必要がある旨を周知させなければならない。

⑦　事業者は、金属アーク溶接等作業を継続して行う屋内作業場において当該金属アーク溶接等作業に労働者を従事させるときは、厚生労働大臣の定めるところにより、当該作業場についての第2項及び第4項の規定による測定の結果に応じて、当該労働者に有効な呼吸用保護具を使用させなければならない。

⑧　事業者は、金属アーク溶接等作業を継続して行う屋内作業場において当該金属アーク溶接等作業の一部を請負人に請け負わせるときは、当該請負人に対し、前項の測定の結果に応じて、有効な呼吸用保護具を使用する必要がある旨を周知させなければならない。

⑨　事業者は、第7項の呼吸用保護具(面体を有するものに限る。)を使用させるときは、1年以内ごとに1回、定期に、当該呼吸用保護具が適切に装着されていることを厚生労働大臣の定める方法により確認し、その結果を記録し、これを3年間保存しなければならない。

⑩　事業者は、第2項又は第4項の規定による測定を行つたときは、その都度、次の事項を記録し、これを当該測定に係る金属アーク溶接等作業の方法を用いなくなつた日から起算して3年を経過する日まで保存しなければならない。

　1　測定日時
　2　測定方法
　3　測定箇所
　4　測定条件
　5　測定結果
　6　測定を実施した者の氏名
　7　測定結果に応じて改善措置を講じたときは、当該措置の概要
　8　測定結果に応じた有効な呼吸用保護具を使用させたときは、当該呼吸用保護具の概要

⑪　事業者は、金属アーク溶接等作業に労働者を従事させるときは、当該作業を行う屋内作業場の床等を、水洗等によつて容易に掃除できる構造のものとし、水洗等粉じんの飛散しない方法によつて、毎日1回以上掃除しなければならない。

⑫　労働者は、事業者から第5項又は第7項の呼吸用保護具の使用を命じられたときは、これを使用しなければならない。

＊本条第1項の下線部は令和6年1月1日より、「金属アーク溶接等作業」となる。

(呼吸用保護具)
第43条　事業者は、特定化学物質を製造し、又は取り扱う作業場には、当該物質のガス、蒸気又は粉じんを吸入することによる労働者の健康障害を予防するため必要な呼吸用保護具を備えなければならない。

(保護具の数等)
第45条　事業者は、前二条の保護具については、同時に就業する労働者の人数と同数以上を備え、常時有効かつ清潔に保持しなければならない。

別表第1

33　マンガン又はその化合物を含有する製剤その他の物。ただし、マンガン又はその化合物の含有量が重量の1％以下のものを除く。

34の2　溶接ヒュームを含有する製剤その他の物。ただし、溶接ヒュームの含有量が重量の1％以下のものを除く。

アーク溶接作業者のための

溶接ヒュームの
健康障害防止対策

令和2年10月30日　第1版第1刷発行
令和3年1月29日　第2版第1刷発行
令和5年7月10日　第3版第1刷発行

編　者　中央労働災害防止協会
発行者　平山　剛
発行所　中央労働災害防止協会
　　　　〒108-0023
　　　　東京都港区芝浦3-17-12 吾妻ビル9階
販　売　TEL 03(3452)6401
編　集　TEL 03(3452)6209
ホームページ　https://www.jisha.or.jp

デザイン・イラスト　株式会社アルファクリエイト
印刷・製本　　　　　新日本印刷株式会社
乱丁・落丁本はお取り替えいたします。
©JISHA 2023　21616-0301
定価550円(本体500円＋税10%)
ISBN978-4-8059-2115-9　C3060　¥500E